浪花朵朵

绿植
怎样养不死

[捷克] 兰卡·奇蒂洛娃 [捷克] 玛格达·加尔古拉科娃 著
[英] 汉娜·艾博 绘 浪花朵朵 编译

花山文艺出版社
河北·石家庄

基础养护

常见绿植小百科

栽培实践

初识绿植

你喜欢大自然的气味、色彩和千姿百态吗？你能感觉到绿色会带给你平静，就像置身大自然那样吗？不信的话，就到乡间去吧，你会发现内心变得更加平静，也少了几分紧张和忧虑。所以越来越多的人都喜欢在家里种些绿色植物。那么，你想把大自然的绿色带回家吗？我们把在家中种植的植物称为室内植物[1]。这些植物大部分是外来的，它们原本的生长环境通常与我们生活的环境截然不同。所以，为了让这些植物茁壮成长，我们必须尽可能多地为它们创造适宜的生长条件。

现在，我们就一起来学习如何为绿植创造适宜的生长环境吧。

1 因室内植物多为绿色观赏观叶植物，所以本书中没有严格区分室内植物与绿植的概念。本书脚注皆为编者注，后文中不再重复说明。

不论你是刚刚开始学习栽培绿植，还是已经摸索了一段时间，这本书都能成为你的得力助手。即使你已经有了丰富的绿植养护经验，它依然能为你提供很多有价值的信息。

这本书不仅有你必须掌握的绿植养护核心知识，还包含了许多宝贵的小窍门。你可以从书中了解到如何观察绿植，如何进行日常养护，如何挑选适合的绿植，以及遇到问题时如何应对。但请记住，养护绿植并没有万能公式，即便是遵循最精确的指南，植物也不会完全如你所愿地生长。养护绿植不仅需要你储备知识，还需要你付出行动和情感。简言之，你需要坚持观察绿植，以确保它们在你的照料下健康成长。请相信，你对植物的用心付出终将获得大自然的馈赠。

书里每一个像这样的黄框小贴士都是关于特定主题的基本知识的。

标有数字的圆圈表示与数字相应的页码（比如 5 表示第 5 页），你可以翻到那一页找到更多相关的信息。

书里介绍的绿植种类有限，但即使你选择的绿植不在其中也不要紧。尽管植物种类繁多，但它们的养护原则往往大同小异。

本书分为三个部分。在第一部分，你将了解绿植生活的基本条件；在第二部分，你可以深入认识 16 种绿植，以便选择心仪的植物；在第三部分，你可以学到绿植在不同季节的养护方法。

关于 16 种绿植的介绍部分都在书页切口处做了绿色标记，更加方便你随时查看。

术语表

在阅读这本书以及照料植物时，你都难免会遇到专有名词。这里列出了一些常用术语的释义，如果你不能一下子记住它们，可以随时翻阅本页。

室内植物：在家里或其他室内场所种植的植物。大多数室内植物都是外来物种。它们的叶子或花朵极具观赏价值。

基质：植物能够茁壮成长所依赖的土壤混合物。基质不仅能为植物提供养分，还能在浇水后保存一部分水分供植物吸收。

排水层：铺在花盆底部的一层吸水性、透气性良好的材料，比如碎石子、陶粒。它可以将浇水后植物根系周围多余的水排出去，防止盆内积水过多而造成植物烂根。

浇水：给植物浇水的频率和水量应该以它们的需要为依据。能为植物补充水分的工具包括喷水壶、浇水壶、加湿器等。

湿度：空气中水分的含量。有些植物需要较高的湿度。你可以通过给植物喷雾状水、"淋浴"或使用空气加湿器来增加湿度。室内空间的植物数量越多，需要的湿度就越高。干燥的空气对植物健康是一种威胁，尤其是在室内供暖的时候更该注意。

喷雾法：这是一种为植物增加湿度的方法，用来湿润植物叶片表面，可用喷水壶喷洒。

肥料：为植物提供营养物质，通常以营养棒或直接与水混合的形式提供。它包括化学肥料和天然肥料。

扦插：从植物上切下一片（如叶、枝或茎的一部分），放入一瓶水或湿润的基质中。植物切片会在那里生根并生长成新植株。

位置：室内植物放置的具体位置。你应该根据植物生长所需条件来选择适合的位置进行摆放，尤其要考虑光照强度。

生长期：植物生长较快的时期。通常发生在春季和夏季，因为在有更多光和热的条件下，植物生长得更快，更容易长出新叶。

休眠期：植物生命活动微弱的时期，这期间植物的芽或种子生长缓慢，甚至停止生长。通常发生在深秋和冬季。

夏季养护：到了夏季，将室内植物放到室外（如阳台或庭院），能让它们在入冬后更有抵抗力，长得更好。但要注意，一定要等到气温回升并稳定下来，不再有霜冻的危险时，再把植物移到室外。

冬季养护：到了冬季，你应该将室内植物移至室内较凉爽的地方（远离供暖设施），如客厅或楼梯平台，并减少浇水次数。

多肉植物：这类植物能够在茎叶中储存水分，从而长期在干旱的环境中存活。它们通常有厚实而肉质化的叶和茎。景天和芦荟是常见的室内多肉植物。

近距离观察绿植

像其他大多数植物一样，绿植也由三个主要部分组成：根、茎和叶。在野外，很多植物会开花结果，但是大多数绿植并不会，只有某些特定种类的绿植才能开花。

不同植物的根、茎和叶在外观上会存在差异，这体现在它们的形状、质地和大小上。尽管每个组成部分各有不同，但它们都发挥了对植物生存至关重要的独特作用。

如果你的房间没有绿植……

你或许会想：为什么要种植绿植？因为你的房间即使没有绿植，也已经很舒适了；而且养护植物是一件花费心思的事情，为什么要给自己找麻烦呢？用这些时间来玩不是更好吗？但是，假设你现在已经下决心养绿植，那么它会让你的房间变得不一样！

当你的房间有了绿植……

有了绿植，你的房间会变得更加舒适。绿植不仅让房间更加美观，还能净化和加湿空气，让你更容易入睡和深度呼吸。简单来说，绿植会让你感觉像置身山林间那样放松和满足。养护植物一旦成为你的爱好，你就会"上瘾"——不再满足于只种一两种植物。这种爱好的另一个好处是，它既有趣，又富有创意——比如，你可以试着用绿植把房间装点成丛林，把绿植挂在天花板上，或用它们来装点乏味的架子和窗台。

你需要做的准备

每一个种植绿植的人都需要耐心和决心，还需要一些其他的东西，比如工具。有些工具可以等你需要的时候再去购买，但是还有些工具是你在开始种植的时候就要准备好的。花店或园艺店通常有各种材料、尺寸和款式的工具供你选择，能满足你的绝大部分需求。一定要记住，你选择的工具应该适合你和你的植物，这样才能让照料植物这件事情更加轻松。

你可以根据自己的植物养护经验和家里的环境及条件来选择一种植物⑳～㉟。

花盆为植物提供了生长的空间⑫⑬。

托盘或套盆能收集花盆里多余的水⑫⑬。

把基质填入花盆，为植物提供支撑和营养⑫。

排水层将植物根部多余的水分排出去⑫。

肥料为植物提供所需的营养⑬。

浇水壶用来给植物浇水⑭。

支撑杆

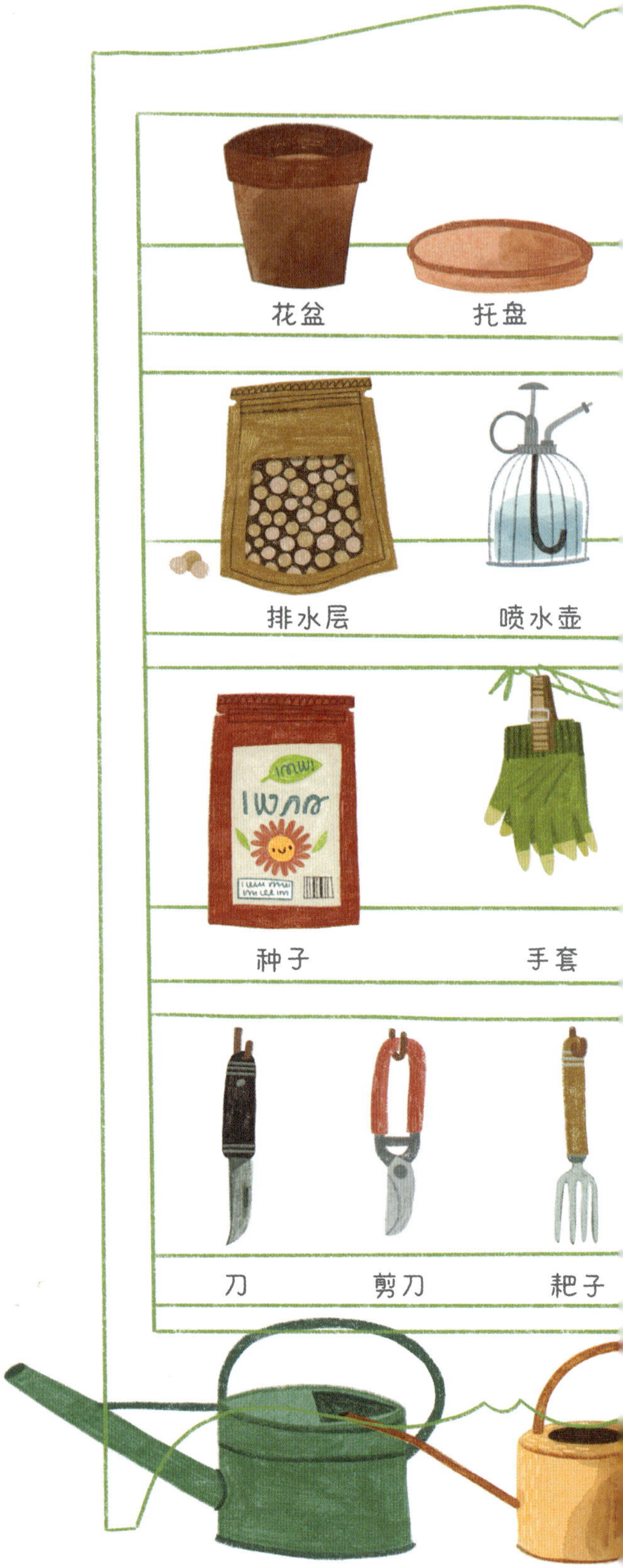

浇水壶

用布擦去叶片上的灰尘。

刀和剪刀被用来修剪植物造型或去除植物枯萎、受损的部分㊹。这些工具必须保持清洁，以防植物被灰尘污染、细菌感染或被害虫攻击。你最好能使用专用的园林剪或修枝剪（但要注意使用利器时需小心，以免划伤）。

用喷水壶给缺水的植物喷洒雾状水，让植物的叶子表面湿润⑮。

戴上手套能方便你给植物换盆㊷，还能保护手部不被弄脏或划伤。

铲子和耙子能方便你处理土壤，它们不仅能让你的手保持干净，还能把土壤准确地放到特定的地方。

细绳和支撑杆帮助植物向上生长。

细绳

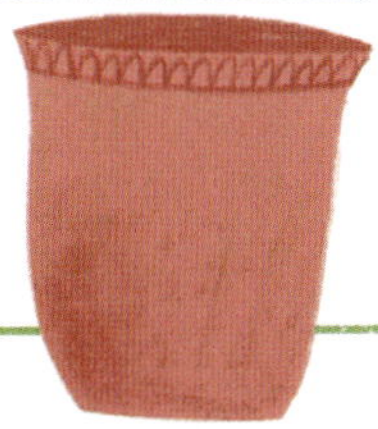

套盆

布

铲子

植物

肥料

基质

基质和花盆

选择合适的花盆和基质对于成功种植绿植是至关重要的。植物从基质中吸收养分，而花盆为根的生长提供了空间。绿植的生长环境应该尽可能接近它原本的生长环境。花盆的大小直接影响着植物所能获得的基质和水分的量，所以也决定了植物能否快乐地生长。

花盆的套盆不仅是漂亮的装饰，还有重要的功能——相当于托盘，收集多余的水。套盆不能太小，它和花盆壁之间的距离必须大于1厘米。

套盆

花盆的大小和材料很重要，它们决定了植物的生存空间，对植物的生长有很大影响。花盆并非越大越好。

托盘的大小也要与花盆匹配，通常托盘的直径至少要和花盆盆口直径一样长。

不同植物适宜生长的土壤不尽相同，也就是说每种植物对土壤成分的需求不同。

如果不知道该选择哪种土壤，你可以用一种通用的基质来种植绿植。

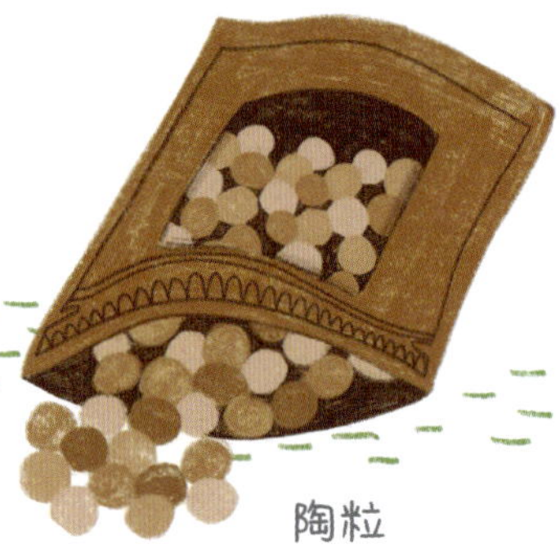

陶粒

排水层是铺在花盆最底层的一层材料，它可以帮助排出花盆里多余的水，从而保护植物根部不腐烂。所有从盆口往下浇水的植物都需要排水层。轻质多孔的陶粒是一种被普遍使用的排水层材质，鹅卵石、玻璃片和花盆碎块也可以用作排水层。

把基质填在花盆里，为植物创造了“生活空间”，能让植物从中获取营养。一些绿植需要特殊成分的基质。你可以买现成的基质，也可以自己在家调制。要注意的是，基质需要定期更换，因为基质在使用大约一年的时间后，就不再含有充足的营养物质，保留水分的功能也会下降。

肥料能够滋养植物。常见的肥料类型包括液体肥料、粉末状肥料和棒状肥料。你一定要按照肥料包装上的说明来给植物施肥。肥料主要在春季和夏季使用。

托盘主要用来盛接从花盆底部排出的多余水分，这些水通常是浇水过多或植物无法立即吸收全部水分时产生的。你需要及时把托盘里的水倒掉。但对于某些植物，你需要直接将水倒入托盘而不是从盆口浇水⑮。

花盆底部必须有一个孔，以便排出多余的水。花盆的大小必须适合植物——如果花盆太小，植物生长的空间就会太狭窄；如果花盆太大，植物将消耗大量的能量来伸展根系，因此茎叶会生长缓慢。

你可以根据植物的种类和浇水习惯来选择不同材质的花盆。例如，红陶盆透气性和吸水性好，因此能降低过度浇水和植物烂根的风险；塑料花盆排水性差，容易导致水分在花盆内集聚，但这反而能解决我们偶尔忘记给植物浇水所带来的问题。

水分和浇水

要想照顾好你的绿植，一定要做到适时、适量地给植物浇水。有些植物只需要偶尔浇水，有些植物需要每天浇水，而且在春季和夏季给植物浇水的做法完全不同于冬季，因此给植物浇水并没有统一的模式。对于大多数植物来说，我们都采用从花盆盆口往下浇水的方式，但还有些植物只需要我们把水倒在托盘里就好了。由此可见，了解你的植物以及它们适宜生长的环境是多么重要，再也不要轻易相信“我们必须每个星期三给植物浇水”这种话了。

多久给植物浇一次水、浇多少水，取决于植物获得多少光和热[16]。

把手指伸进基质里，如果感觉基质变干了，就该给植物浇水了。

不要在晚上或阳光最强烈的时候给植物浇水。

将自来水放置一段时间（接近室温），再给植物浇水。

相较于秋冬季，植物通常在春夏季更需要浇水。

给绿植浇水时，最好使用接近室内温度的静置水。理想情况下，自来水静置一天可以接近室内温度。偏冷或偏热的水会让植物受到温差的冲击；水静置后还可以释放掉氯气，沉淀石灰盐等对植物有害的物质。所以，你需要提前用容器装水并静置。

你的浇水壶应该有一个细细长长的壶嘴，这样更容易把水淋在植物的茎上，而不只是浇在花盆里。

有细长壶嘴的浇水壶

静置水

喷水壶

在春季和夏季，你可以用温水给绿植“淋浴”。这样做不仅能湿润植物，还能清除叶片上的灰尘，让植物更好地呼吸。“淋浴”还能帮助植物有效抵御害虫[52]。

对于大多数绿植，你都可以从盆口往下浇水。多余的水会流进托盘里，你再及时把这些水倒掉。

对于多肉植物和容易发生茎叶腐烂的植物，你应该直接将水倒入托盘中来完成浇水，它们会从托盘中吸收水分；这类植物的花盆中不需要铺排水层，否则会影响基质吸收托盘里的水分滋润植物。

原产于热带的植物习惯湿度较高的环境，它们喜欢被喷水壶喷水滋润。但要注意不要过量喷水，不要让水珠在叶片上集聚，更要避免水珠从叶子上滴下来。

光照和热量

除了水、土壤和空气，植物还需要光和热。没有它们，植物就会停止生长，渐渐枯萎。然而，不同植物对光的需求不尽相同。因此，你可不能随心所欲或见缝插针地摆放绿植，而是要根据它们的习性为它们挑选合适的位置。说到这一点，环境中的光照条件是你必须要考虑的。根据光照强度，室内环境大致可以分为四类：阳光直射处、阳光散射处、部分遮光处和完全遮光处。你要根据植物的具体需求来选择摆放它的位置。有时候，你还得根据选定位置的具体情况来照料植物，比如多浇点水，确保植物不在通风口附近，或者让植物别太靠近暖气。由于家里没有哪个地方的条件是四季不变的，所以你需要根据季节的变换把植物挪到适合的位置。

部分遮光处通常离窗户较远（几乎没有阳光直射），或者在采光不足的窗户附近（尤其是朝北的窗户）。

完全遮光处是没有阳光照射的地方，绝大多数植物无法在这样的地方茁壮生长。

阳光直射处主要在有阳光直射的窗户附近，一天中大部分时间都会有阳光照进窗户（通常是朝南的窗户）。这样的地方适合种植多肉植物和具有肉质叶片的绿植。

不要低估位置的重要性。它决定了植物能否健康生长，以及你该如何照顾它们。

选择植物时，你要考虑到房间朝向的方位。某个位置的光线强度还取决于它与窗户的距离和你所住的楼层高度。

因为冬季光照不够充足，所以要在冬天来临之前给植物换个位置摆放。

不要太频繁地移动植物，这对它们不好。

不要把植物放在离暖气片太近的地方，它们不喜欢空气干燥和温度突然变化的环境。

阳光散射处通常在阳光照射强度较弱的窗户附近，或者一天中只有部分时间有阳光照射的地方（通常是朝西或朝东的窗户附近）。能够让植物“看见”天空的窗户附近也有散射光。这种光照条件适合大多数绿植。

选择适合你的绿植

现在，你已经知道植物茁壮生长的基本条件了。你即将迎来抉择的关键时刻——选择适合你的绿植。在做决定之前，你要先问自己这几个问题。

“我需要给植物提供什么？”

你要考虑一下自己能给植物提供怎样的环境和照顾。你能给它充足的生长空间吗？你房间里面的光照和温度适合你想要种植的植物吗？如果你有养宠物，那么你还要确保它（们）不会啃咬植物，不然它（们）的健康可能会受到威胁。在选择植物的时候，你一定要想清楚自己能提供多少时间来照料它（们），毕竟有些植物需要更多的照料。

“我对绿植有什么期待？”

你想把房间装满植物，还是只要一两盆就足够？你偏爱体形大一点儿的植物，还是叶子形状奇特、颜色亮眼的植物？明确你的喜好很重要，但你也要考虑清楚，因为你种植的植物越多，它们占用你的时间就越多。你真的愿意花时间给它们足够的关注和照料吗？

“我有多少养护植物的经验？”

在养护植物方面，你是新手，还是已经有了一些经验呢？如果是前者，你最好先通过养一些需求较低的植物来熟悉植物养护的基本知识；如果是后者，或者你想大胆挑战一下，那就尝试种植一些中高需求的植物吧！记住，即使是最有经验的植物养护师有时也会犯错，所以你千万不要因失败而气馁。

因为绿植的种类非常多，所以你可以有很多种选择！在接下来的篇章里，你将了解一些常见的、比较受欢迎的绿植。那么，快来绿植小百科这部分内容中认领你的植物吧！

在每个植物的介绍条目中，你都能了解这种植物的基本养护知识——浇水量、最适合摆放的位置、养护需求以及其他实用的技巧。

小百科部分的黄框小贴士提供了以下信息：

应该多久给植物施一次肥？
一般来说，植物在整个生长期39都需要施肥。当植物休眠时，你就不需要给它们施肥了（除非有其他指示）。

应该多久给植物换一次盆？
每年春天，你都应该将幼苗移栽到稍微大一点儿的花盆里。对于已经发育成熟的植物，换盆的需求就各不相同了。除非有特别指示，否则你应该在植物生长期开始的时候就给它换盆42 43。

你知道怎样让植物繁殖吗？
在这里，你能找到关于植物繁殖方式的详细说明46 47。

你还可以获取其他植物养护方面的信息——基质的成分、特殊养护需求等。

经常、大量浇水

定期、适量浇水

低频率定期浇水，且保持较少浇水量

直射光

散射光

半遮光

全遮光

适合养护专家：对环境和养护方式要求较高的植物

适合进阶养护者：对环境和养护方式要求中等的植物

适合初学者：对环境和养护方式要求较低的坚韧植物

会开花

非宠物友好型植物：这些植物可能对宠物的健康有威胁，请确保将植物放置在宠物和婴幼儿无法触及的区域

需要用喷水壶湿润

白鹤芋（白掌）

白鹤芋属

如果你的房间需要保持空气清新，那么白鹤芋会是不错的选择——它能吸收有害物质，甚至是一些有毒气体。

它来自美洲的热带丛林，喜欢相对较高的湿度。所以，在它不开花的时候，你可以用喷水壶给它加湿，用湿布擦拭它的叶片，或者给它“淋浴”。

需要注意的是，这种植物是有毒的。宠物啃咬它的叶子可能会引起腹泻，甚至中毒。如果它叶片里的汁液沾到你的皮肤上，就有可能引起讨厌的皮疹。

从春天到秋天，它都会开出形似箭袋的白色花朵。

既美观
又能净化
空气

施肥：每 2 周施肥一次。

换盆：很少换，可考虑 3 年换一次。

繁殖方式：分株繁殖。

其他需求：基质要一直保持湿润，
但托盘里不能有积水。

琴叶榕（琴叶橡皮树）

桑科榕属

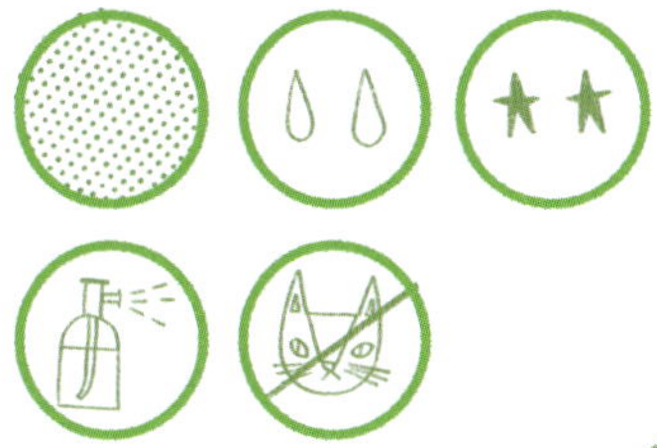

琴叶榕很容易辨认，因为它的叶子形状非常像提琴或琵琶。一棵蓬勃生长的琴叶榕可以长到 3 米以上的高度。

琴叶榕是无花果亚属的一员。同样常见且更容易养护的还有垂叶榕（叶片较小）和印度榕（叶片较大、厚实，有皮革质感）。

琴叶榕等无花果亚属的植物是非常受欢迎的绿植。它们可以被修剪成各种形状，而且容易繁殖。如果能得到精心照料，它们可以多年陪伴你并给你带来满足感。

这种植物喜欢“淋浴”和被喷雾湿润。它们的培养基质需要具有透水性，既不能过湿也不能干燥，而且花盆里还应铺上排水层。

如果你希望琴叶榕看起来更加丰满，可以把它的叶子向外展开，让它体积增大。你还可以通过扦插法让它繁殖。

它可能会长得比你高！

施肥：2 ~ 3 周施肥一次。

换盆：每 2 年换一次稍大的花盆。

繁殖方式：通过茎扦插或茎尖扦插的方式进行繁殖。

其他需求：冷风、降温或改变位置都可能导致琴叶榕落叶。

龟背竹 天南星科龟背竹属

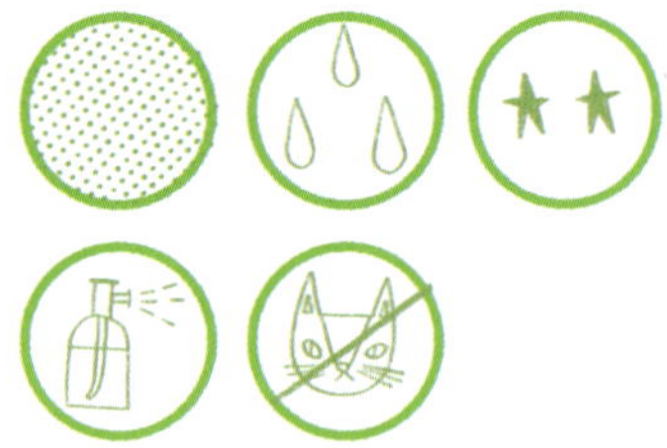

来自热带的龟背竹是绿植中的热门品种。它的特点是叶片上有洞孔，而且叶片可以像盘子一样大。这种植物可以长到 2 米以上的高度。

龟背竹有多个品种。在尝试种植大型品种之前，你可以先从较小的品种开始养起。

从茎部长出的枝条被称为气生根，龟背竹通过它们从空气中吸收水分和养分。气生根在向上生长时会攀附在支撑物上，所以你可以在花盆里放一根支撑杆让它们攀爬。

如果龟背竹没有得到足够的光照，它的叶片就不会生成那些特有的洞孔。

在野外生长的龟背竹会开出白色的花朵，但在家中养护的龟背竹只有在极少数情况下才会开花。

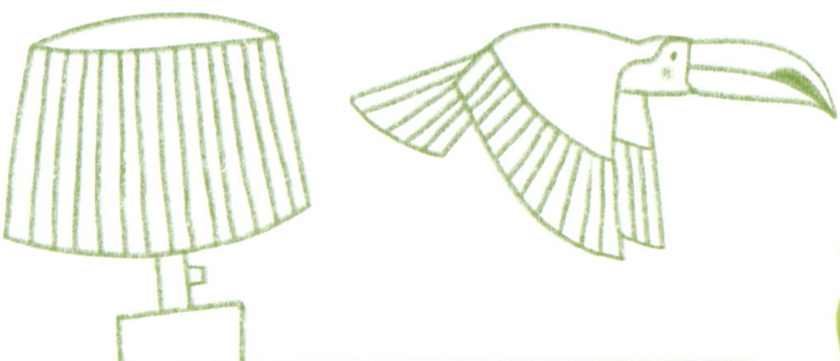

施肥：每 2 周施肥一次。

换盆：在花盆被根系填满之前，请不要换盆。

繁殖方式：通过剪取长有气生根的枝条进行繁殖。

其他需求：龟背竹喜欢“淋浴”、被喷雾湿润和用湿布擦拭叶片。

爱之蔓（吊金钱）

夹竹桃科吊灯花属

这种植物枝条垂悬，上面挂满心形的叶子。当你把它挂在光照充足的窗边时，它会格外引人注目。

它适宜在与多肉植物相似的环境中生长——它喜欢干燥的空气，不喜欢潮湿的环境；它需要充足的光照；只有当基质开始变干时才需要浇水。

在夏季，如果你能比平时多浇一些水，它就会开出紫色的块茎状花朵。

爱之蔓自身具有较强的抗虫害能力，只要保持健康状态，你基本上不用担心它受到害虫的侵害。

装满“爱心”的花盆

施肥：每月施肥一次。

换盆：每 2 ~ 3 年换盆一次。

繁殖方式：扦插繁殖或块茎繁殖。

其他需求：栽培仙人掌的基质也非常适合爱之蔓。

紫叶酢浆草

酢浆草科酢浆草属

紫叶酢浆草是一种对环境要求较低的绿植，它的叶片呈非常独特的紫色。它对光线变化十分敏感：白天，叶片展开；晚上（或光线弱的阴雨天），叶片则会闭合以减少水分蒸发和能量消耗。

给它浇水只需把水注入托盘，但一定要在基质变干后再浇水，以免过度浇水让它产生不良反应。它也不需要经常湿润叶片，当叶片上积累灰尘时，你可以使用喷水壶给它喷水清洁。

酢浆草属的植物有些会有绿色的叶片，很容易让人联想到四叶草。

它就像挥舞翅膀的蝴蝶

施肥：每 2 周施肥一次。

换盆：春季进行，但只在必要时换盆。

繁殖方式：分株繁殖或块茎繁殖。

其他需求：即使几乎完全干枯，紫叶酢浆草也会在浇水后长出新叶子。

镜面草（“中国钱币”）

荨麻科冷水花属

镜面草是一种非常有吸引力和受欢迎的绿植。它最引人注目的是华丽、独特的圆形叶子。

由于它的茎会朝向阳光倾斜，所以需要定期旋转花盆，这样才能让镜面草保持直立生长，不会东倒西歪。

一株茁壮成长的镜面草会在它旁边生出一个小“宝宝”（侧芽）。你可以先把侧芽剪下来，再插进基质，让它长成一株新镜面草。

只在基质表面干燥时给它浇水。

如果水质太硬，镜面草的叶片背面就会出现白色斑点。出现这种情况时，你需要用煮沸后冷却下来的水来浇灌它。

在极少数情况下，它会开出白色或淡黄色的小花朵。

镜面草源自中国，传说它能带来财富，所以也被称为“中国钱币”。

为自己播种财富吧

施肥：每 2 周施肥一次。

换盆：春季进行，但只在必要时换盆。

繁殖：通过剪下侧芽来分株繁殖。

其他需求：在光照过强或高温的情况下，镜面草的叶子会卷曲。

燕子掌

景天科青锁龙属

燕子掌是一种青锁龙属的植物，这类植物有很多种，但它们的共同特点是叶子强健、多肉，就像小抱枕一样。

燕子掌很耐活，是能养很久的绿植，你可以像给盆景造型那样定期修剪它。

浇水不用太频繁，两周一次就足够。燕子掌不喜欢水分过多的基质，所以一定要铺排水层。用种植仙人掌的基质来养燕子掌也很适合。

到了夏季，燕子掌需要呼吸新鲜空气，你可以把它搬到室外，比如阳台或者花园里。在它的休眠期，再把它搬回比较凉爽的房间。

燕子掌需要充足的光照。如果光照不足，它的叶子就会枯黄，甚至脱落。

燕子掌生长很慢，但寿命较长。据说生长多年的燕子掌会开花，但也并非定律。

施肥：至少每 2 个月施肥一次。

换盆：当根部长大到不再适合原来的花盆时再换盆。

繁殖：通过叶插或茎插的方式进行繁殖。

其他需求：燕子掌像其他多肉植物一样耐旱，且能抗高温。

仙人掌

仙人掌科仙人掌属

仙人掌属是一个非常庞大、种类繁多的植物家族，它们的茎都非常坚韧，而且叶演化成了刺、针等形态。不同种类的仙人掌在外形、大小和养护需求方面都有差异，所以你需要了解你所养的仙人掌的具体需求。

仙人掌的一个优点是它们耐受长时间的干旱和高温，因此养护起来相对容易。

与很多绿植不同的是，大多数仙人掌更适合在晚上浇水，并且要将水注入托盘中。浇水量要少，浇水过多的仙人掌很快就会腐烂。

有些仙人掌品种会开出多彩的花朵。

在入冬之前，仙人掌都应被放置在较凉爽的房间。

施肥：每个月最多施肥一次，而且要用仙人掌专用肥料。

换盆：在春季或夏季，把它移植到陶土盆中，移植后两周内不要浇水。

繁殖：侧芽繁殖。

其他需求：仙人掌需要透水、透气性强的基质，比如含沙成分的基质。

芦荟

阿福花科芦荟属

"家庭急救小医生"

芦荟不只是一种能装饰环境的绿植，由于它具有治疗功效，因此也常被用于制作化妆品、药膏和饮料。芦荟叶子里的果肉可以用来快速治疗擦伤和晒伤。

排水良好的基质以及充足的光线和热量能促进芦荟蓬勃生长。

芦荟不宜过度浇水，不然它的表面会形成黑色斑点。

在换盆时，可以从芦荟母株上剪下侧芽，并将侧芽单独种在另一个花盆中。

施肥：每月施肥一次。

换盆：如果芦荟的根部已经露出花盆内基质表面，就要换盆。

繁殖：侧芽繁殖或叶插繁殖。

其他需求：芦荟一点儿也不娇气，它既能适应低湿度又很耐旱。

鹅掌藤

五加科鹅掌柴属

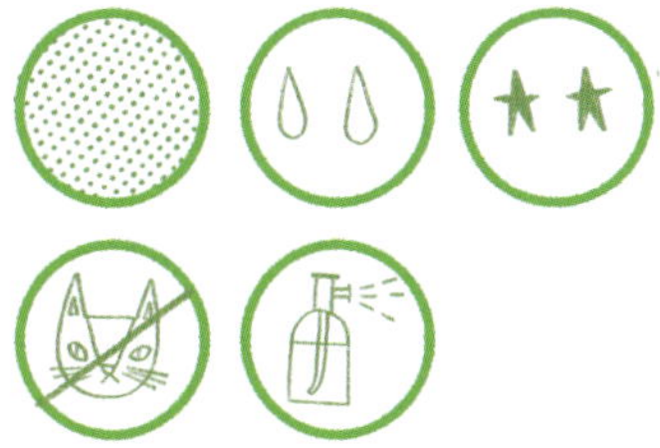

鹅掌藤是一种很受欢迎的绿植，它的叶子像伞一样，不仅外形漂亮，还能吸收有害化学物质以净化空气。但是，鹅掌藤的叶子会让宠物中毒。

勤浇水，但要等基质表层干透了再浇。

鹅掌藤喜欢在含泥炭的酸性基质中生长。

为确保鹅掌藤能够笔直生长，同时避免枝干被叶子压弯，你可以在花盆里插支撑杆。

当心！

美貌之下

暗藏毒性。

施肥：每 2 周施肥一次，冬季每月施肥一次。

换盆：每年春天换盆。

繁殖：茎插繁殖。

其他需求：鹅掌藤对冷风、强风和温度变化比较敏感。

湖球刚毛藻

刚毛藻科刚毛藻属

湖球刚毛藻是一种比较特别的室内植物。它最初用于装饰水族箱内的环境，后来才被培育出来作为独立的观赏植物。

湖球刚毛藻的产地之一是日本的寒冷湖泊。作为室内植物，它通常被放置在迷你水族箱或其他装有水的玻璃容器里，而且要避免阳光直射。

湖球刚毛藻喜欢冷水，所以你可以偶尔把装有湖球刚毛藻的容器放进冰箱里，或者往容器里加点儿冰块儿。

给湖球刚毛藻更换容器中的水时，要用缓速流动的静置水轻柔地冲洗湖球刚毛藻，同时，把它们拿在手里轻轻揉一揉，这样可以让它们透气，保持圆润。

湖球刚毛藻如果没有得到良好的照顾，可能会变成褐色。如果发生这种情况，你要反复冲洗它，并将它放在阴凉处的冷水中。

如果你养了宠物，你不必阻止它（们）喝湖球刚毛藻容器里的水，因为里面的水比一般的水含氧量高，不论是猫还是其他宠物都会喜欢那种味道。

是植物，还是萌宠？

换水：每 7 ~ 10 天换一次水。

繁殖：在家中很难让湖球刚毛藻繁殖。

其他需求：湖球刚毛藻可以偶尔被放在手里轻轻滚动。

散尾葵

棕榈科金果椰属

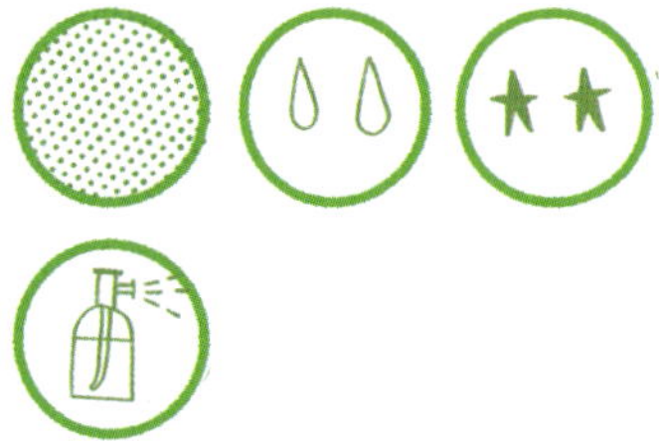

富有异国情调的散尾葵总能让人想到阳光和炎热的夏天。即使在家里种植，它也能长得非常大。

棕榈科植物的种类有很多，不同种类对光照、热量和湿度的需求各不相同，所以你需要了解你选择的品种的具体需求。

由于散尾葵对浇水和湿度的要求很高，所以你要经常给它充足的水分，但是要等基质表面变干再浇水。

散尾葵是净化空气的专家，把它放在阳光充足的卧室里再合适不过了。

你想看海边的风景吗?

施肥：每 2 周施肥一次。

换盆：当根系长大到花盆不再适合时进行换盆。

繁殖：分株繁殖。

其他需求：散尾葵不喜欢冷风直吹和较高的温度。

斑叶竹节秋海棠

秋海棠科秋海棠属

斑叶竹节秋海棠会让每一位绿植养护者引以为傲，它以自身可爱的带斑点的叶片从其他秋海棠属植物中脱颖而出。叶片背面是红色的，会让人联想到翅膀。

斑叶竹节秋海棠偏好较高的湿度，但不喜欢被过度浇水。你最好将它放在一个装有潮湿鹅卵石的托盘里，石子蒸发出的水分可以使植物周围的环境湿润。

一定要谨慎选择斑叶竹节秋海棠的摆放位置——直射的阳光可能会灼伤它的叶子，穿堂风可能会导致它落叶。

在生长期，斑叶竹节秋海棠会开出白粉色的花朵。

你需要定期为斑叶竹节秋海棠检查是否有害虫，因为它很容易受到害虫的侵害。

绿植中的“门面担当”

施肥：在开花季节，每 2 周施肥一次；其余时间每月施肥一次。

换盆：每年春天换盆。

繁殖：通过茎尖扦插进行繁殖。

其他需求：斑叶竹节秋海棠的叶子变褐色是缺水的迹象，叶子发黄是过度浇水的结果。

叶蝉竹芋

竹芋科竹芋属

叶蝉竹芋原产于雨林，是颇受欢迎的绿植。叶片上美丽的纹理是它最显著的特点，它对养护要求很高。经验丰富的种植者才适合选择叶蝉竹芋，因为它需要全年保持高湿度和恒定的温度。它喜欢“淋浴”和被喷雾湿润。

要给叶蝉竹芋多浇水，保持基质湿润，但要把流进托盘里的多余的水倒掉，以免它的根部被水浸泡。

由于叶蝉竹芋的根系较浅，所以你要把它种在较浅的花盆中。

叶蝉竹芋也被称为祈祷植物，这个名字源于它在傍晚或弱光下将叶子折叠起来的样子，就像祈祷时合拢双手那样。

施肥：每 2 周施肥一次，冬季每月施肥一次。

换盆：每 2 年换盆一次。

繁殖：分株繁殖。

其他需求：如果浇水过少，竹芋的叶子会卷曲。

金钱树（雪铁芋）

天南星科雪铁芋属

代号：硬汉

金钱树是一种适应性很强的绿植，非常适合新手种植。它能适应干燥的空气、过度干燥的土壤，以及严重的光照不足。

金钱树原产于马达加斯加，特点是叶片坚硬、有光泽。

无论你是偶尔用喷水壶湿润金钱树，还是给它“淋浴”，都对它有益。但是，注意不要过度浇水。

金钱树茎上出现棕色斑点通常是衰老的迹象。如果它没有得到悉心的照料，叶子就会变黄、脱落。

施肥：每月施肥一次。

换盆：除非花盆没有足够的空间，否则不要移植。金钱树喜欢比较紧凑的生长环境。

繁殖：分株繁殖或叶插繁殖。

其他需求：只要不直接暴晒，金钱树几乎能在各种条件下茁壮成长。

虎尾兰（虎皮兰）

天门冬科虎尾兰属

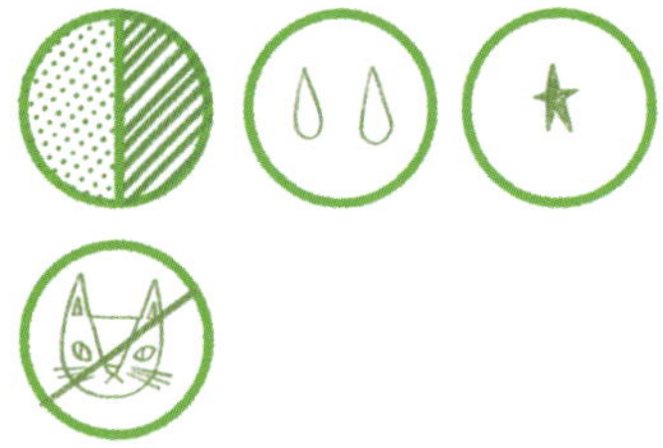

形似剑锋，心藏温柔。

虎尾兰原产于非洲，也被称为“婆婆的舌头”。它是一种对环境要求不高的绿植，非常适合新手种植。它不介意干燥的环境，而且与其他绿植不同的是，它能在夜间净化空气。

给虎尾兰浇水时要确保水不会顺着叶片流到叶丛中心，否则会导致腐烂。

虎尾兰有多种株型和颜色。对于叶子颜色更鲜艳或有斑纹的品种，要把它放在光照更充足的位置。

“婆婆的舌头”这个别名源于虎尾兰长而尖的叶子。

施肥：每月施肥一次。

换盆：根据虎尾兰根部是否长满花盆的孔洞来决定是否换盆，通常每 2 ~ 3 年换一次盆。

繁殖：分株、叶插或侧芽繁殖。

选购绿植

你选对适合你的绿植了吗？现在，就着手做你从一开始就期待的事情吧——把第一盆绿植带回家！那么问题来了，应该从哪里购买呢？

其实你有很多种选择——除了花卉市场和专业的花店，在大型百货商店和家居装饰店的园艺区也能买到绿植。在大型零售商那里购买时，你需要谨慎一些，尤其是要记得检查植物是否被过度浇水或者受到害虫侵扰。在花卉市场或专业花店采购，你更容易买到健康且适合的绿植。你还可以选择网购绿植，但要记得跟店铺确认植株状态良好。

你也可以从其他园艺爱好者那里购买植物。你还可以向你的亲戚、朋友要一根带根的枝条，或者从他们家里的植物上剪下一根枝条，然后让它生根。当你拥有可以繁殖的植物，就可以与朋友们分享啦，比如赠送枝条作为礼物。

接下来，就到了你学以致用的时候了！

在购买之前，你必须想一想，你家里的条件是否适合你所选择的绿植。

在挑选绿植的时候，你应该检查一下植物是否有不健康的迹象——它上面有害虫吗？茎有腐烂之处吗？基质中有霉菌吗？

把植物带回家后，你应该先将它“隔离”——让它远离其他绿植至少两周。

结束隔离后，你需要先给绿植换盆，把它种在新的基质中，再移到选定的位置。

绿植的一年四季

把植物带回家后，你就可以开始期待它的成长变化了。渐渐地，照料植物就会成为你的一种习惯，你很快就会对植物的日常养护非常熟悉了。但是当季节变换时，你对植物的养护方式也必须随之改变。植物的生长期（春季和夏季）与休眠期（秋季和冬季）交替，意味着植物在一段时间内处于活跃状态，然后在下一段时间内处于非活跃状态。这提醒你在每年早春和早秋要采取不一样的养护方式。换言之，你的植物在春季会产生某些需求，到了秋季它的需求会发生变化，因此你要改变它的位置，调整浇水频率和浇水量，并关注植物对这些变化的接受程度。

休眠期的植物
=
轻松的养护师

休眠期

秋季和冬季

植物休眠并减缓生命活动的季节。

留心观察和照料植物，但要注意适度。

最重要的是，植物需要足够的光照——这就解释了为什么要给植物挪动位置。通常情况下，我们会在冬季把植物移至窗边，让它获得更充足的光照。

在秋季和冬季，我们需要给室内空气增加湿度，因为家里的暖气会让空气变得干燥。

确保植物不暴露在冷风中，比如在通风时。

尽量不要给植物换盆、“淋浴”或施肥。

有些植物在冬天需要特别照顾，比如把它们移到凉快的房间或走廊，有助于它们更好地保存能量、安全过冬。

生长期

春季和夏季

植物获得足够光照和热量来快速生长的季节。

一到春季，植物就会变得活跃起来。如果得到适当的照料，它们会茁壮地生长，甚至可能开花。

春季太阳光照明显增多，因此挪动植物的位置是十分有必要的。冬季靠近窗户的植物必须移到离窗户较远的地方，以免被阳光晒伤。你还需要考虑房间的朝向。

你必须增加给植物浇水的频率，同时增加浇水量。因为植物在生长期会需要更多的水分，而且气温升高会加速水分蒸发。

度过冬季后，你应该给植物做一次全面的“修护”——去除枯老的叶子并进行修剪。

在春季，一些植物需要换盆，而另一些则只需要更换部分基质，确保能有效供给营养就可以了。

你要记得定期给植物施肥。

春季和夏季是植物繁殖的好季节。

许多植物喜欢“淋浴”或被放在室外（比如阳台）。

生长期的植物
=
忙碌的养护师

在植物的生命周期中，生长期与休眠期交替进行。

植物在不同的季节需要不同的照料。

春季是植物需要最多照料的季节，也是为你带来最多乐趣的时候。春季还是种植新绿植的最佳时机。

如果你在植物生长期需要度假或外出一段时间，那就要记得找位帮手来照料你的植物。

休眠期

冬季

擦净叶片

减少浇水

检查虫害

增加湿度

秋季

检查虫害

改变位置

减少浇水

擦净叶片

增加湿度

生长期

春季

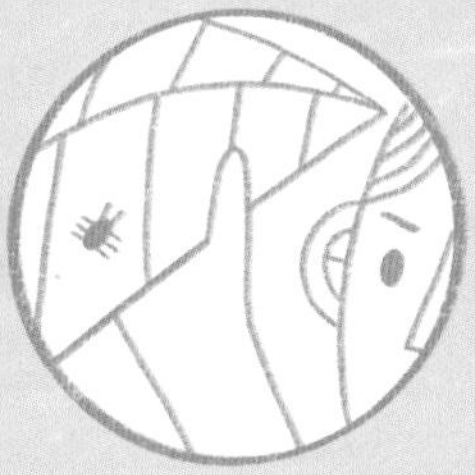

检查虫害

繁殖

更换基质或换盆

改变位置

扦插

勤浇水

“淋浴”

施肥

修剪

夏季

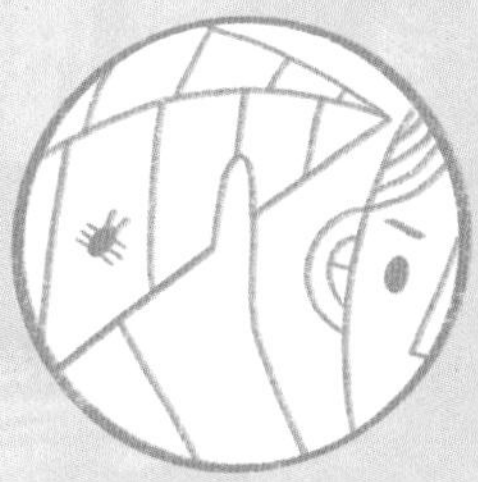

检查虫害

施肥

“淋浴”

避免暴晒
（移至散射光处）

繁殖

勤浇水

换盆

每年春天，绿植养护师都会迎来一阵忙碌，因为植物的生长期恰恰是换盆的好时候。在植物养护过程中，更换基质是非常重要的。熬过冬季的严寒，植物需要吸收新鲜的能量和营养，所以，你要决定该把哪些植物移到更大的花盆里。花盆的大小应与植物根系的大小相匹配。那么，对于那些不需要换盆的植物，该怎么做呢？由于它们同样需要新鲜的养分，所以你应该更换它们花盆里表层（3 ～ 6 厘米）的基质。

工具

修枝剪或剪刀

基质

支撑杆

新花盆

园艺手套

在春季给植物换盆。

只给有换盆需求的绿植换盆。

新鲜的基质能为植物提供更多养分。

认为花盆越大越好的观念是错误的。通常情况下，所选花盆的直径只需要比植物根系直径大 2 ～ 3 厘米。

从市场购买的新植物也需要换盆，但理想情况下是在购买两周后再换，而不是在买回后立即换盆。

哪些情况下要给植物换盆？

- 植物的根部从花盆底部伸出来了。
- 根把植物往上推，而且根已经暴露在基质表面了。
- 已经到了春天，但植物仍没有生长迹象。
- 植物在花盆中摇摇晃晃。
- 基质表面出现一层含盐或矿物质的沉积物。

1. 换盆前要先给植物浇水，这样做能更方便你从花盆中取出植物。

2. 把植物从花盆里取出。

3. 小心地剥掉沾在根部的基质。

4. 去除腐烂的旧根。

5. 选择一个大小合适且盆底有排水孔的花盆，再用肥皂水清洗它。

6. (如一层轻质多孔的陶粒或鹅卵石)。那些通过把水浇在托盘里吸收水分的植物，就不需要排水层了。

7. 添加薄薄一层新的基质。

8. 把植物放入新的花盆。

9. 在花盆中余下的空间填上一些新的基质。

10. 用手指轻轻把基质压实，确保植物在花盆中保持稳固。不要用基质把花盆填满，要留出距离盆口大约1厘米高度的空间，方便日常浇水。

11. 给植物充分浇水。但对于仙人掌或多肉植物，要等换盆两周后再浇水。

12. 完成换盆，真棒！

修剪

要想让绿植茁壮生长，冬天一过去就必须对它们进行修剪，去除干枯的枝叶。适当地修剪不仅能让植物看起来更美观，还有利于植物的生长——因为植物受损的部分需要更多的能量，这种不必要的能量消耗会拖累整株植物。虽然修剪植物的最佳时期是在初春，但在一年中的其他时间剪掉枯萎的枝条也不会对植物造成伤害。

工具

修剪可以促进植物生长。

修剪植物要在春季进行。剪切处应该选在茎上的节下方一点儿的位置。

使用干净的工具进行操作。

修剪掉的部分不能超过整株植物的四分之一，这样植物身上才能继续生长出新的枝叶。

小枯枝应在节[1]下方被剪断。

我们把过长、悬垂的枝条剪掉后，植物就有了漂亮的形状。

如果要剪掉整根枝条，就要在尽可能靠近茎的位置剪。

如果把剪下来的枝条插进水里，它就会开始生根；根长出来后，就可以把它移植到基质中栽培啦42。

剪切时应采用斜切[2]方式，而不是横切[3]。

1　节是植物茎上叶子和芽生长的地方。通常在节的下方，茎的表面会有略微的隆起或叶痕。在节下方进行切割，有助于植物在修剪后更好地愈合，并且可以促进新芽的生长。

2　斜切是指从一定角度（通常是45°）剪切枝条，使剪切面呈现斜面。

3　横切是指垂直于枝条进行剪切。

繁殖

养绿植会上瘾，你或许永远都不会嫌多！那么，你就要学会繁殖绿植，扦插、分株和生根是关键。对于绿植养护师来说，繁殖植物是一种有趣又刺激的试验，当然这需要多点儿耐心。如果你遵循正确的步骤并给予植物足够的时间生根，基本上都能成功——得到一批新绿植。然后你要像照顾它们的母株一样照料它们。植物在一年四季都能繁殖，但新植物生根最快和生长最旺的阶段在春季和夏季；在冬季，植物的生根过程会相当漫长。繁殖植物的方法有很多种，我们会在接下来的两页中向你介绍四种最常用的方法。

工具

修枝剪或剪刀

新花盆

一杯水

小刀

基质

不同种类的植物通过不同方式繁殖。

应该用来自健康母株的部分进行繁殖。

从母株上取下的部分可以放入水中或基质中生根。在基质中植物生根更快，但前提是保持基质湿润。

如果在基质中培育植物，应使用塑料花盆，因为它更有助于保持基质湿润。

对于放在水中培育的植物，应把容器放置在温暖且光照充足的地方。

茎尖扦插和茎扦插

1. 用锋利的小刀或剪刀在茎的节下方进行剪切，再把剪下来的枝条（插条）上靠近切口的叶子去除。

2. 把插条放入一杯干净、静置的水中，并记得要定期换水。当然，插条也可以种植在基质中，但必须要保持基质湿润。

3. 插条生长出根系后，就可以把它种在大小适合的花盆里了。

琴叶榕、斑叶竹节秋海棠、龟背竹、燕子掌、攀缘及垂吊植物（鹅掌藤、爱之蔓）

叶扦插

1. 从母株上剪下一片叶子，再将叶子横向切成几段。注意，切割线应该是垂直于叶子纵向的中心线的。

2. 把切断的叶子插进湿润的基质中，注意插入时要将叶子尖端或上切割面朝上。如果方向颠倒，叶子就无法生根并会渐渐枯萎。

3. 一个叶子切片可能需要几个星期才能生根。一旦根系长出，就要把它移植到单独的花盆里。几周后，一棵新的植物将在叶子切片附近生长出来，当新植物超过 3 厘米高时，就可以把叶子切片露出基质的部分剪掉。

虎尾兰、燕子掌、芦荟

分株繁殖

1. 将植物从花盆中取出，在根系中最细的连接处用剪刀或小刀小心地将植物分开。

2. 将植物一分为二（最多分成三株），确保每一株都保留了发育良好的根系，再把分株分别种在不同的花盆里。

紫叶酢浆草、白鹤芋、金钱树、叶蝉竹芋、散尾葵、虎尾兰

侧芽和块茎繁殖

1. 先将植物从花盆中取出，清除附着在根上的基质，确保根系清晰可见。然后用剪刀或小刀切下连在母株上的细小根茎，分离出幼株（侧芽）。

2. 如果幼株的根系发育良好，那你就可以直接把它种在单独的花盆里；如果幼株根系细短且没有新的生长点，那你就要把它先插进水里，等到根系发育成熟再把它移植到花盆中。

块茎繁殖也采用类似的方法。部分植物（如爱之蔓）的茎部或根部会形成球状块茎。将带块茎的那部分剪切下来，种在花盆里，就可以繁殖植物了。

镜面草、虎尾兰、爱之蔓、紫叶酢浆草、芦荟、仙人掌

理想图景

你一定开始对绿植着迷了。你挑选了自己心仪的绿植品种，并按照本书介绍的养护方法悉心照料着它们。而且，你已经对植物养护的基本技巧了如指掌了。你的房间里总会备着静置过的清水，喷水壶也触手可及。

现实困境

糟糕！花盆里怎么会有这种虫子？龟背竹的叶子怎么变黄了？究竟哪里出了错？别灰心，种植绿植难免会遇到各种各样的问题。每一位种植者都会发现，他们无法时时刻刻满足自己植物的需要。有时，问题出在位置摆放不当上；有时，过失源于照顾不周，或者过度照料（你一定很惊讶，但过度浇水就是很常见的问题）。请不要担心，每个问题都有解决办法，所以快去找寻办法吧。

疑难杂症

尽管你尽力了，但或许养护绿植的过程并不太顺利。绿植的大多数问题都会在叶子上表现出来——它们可能会有颜色变化、变得脆弱，甚至脱落。当一株植物看起来萎靡不振时，你首先需要考虑最近是否挪动了它的位置或改变了照顾方式。造成问题的原因可能有很多，你应该一步一步地追根溯源。植物如果同时经历很多方面的变化，就会容易受伤。然而，某些变化是不可避免的，比如植物也会变老，就像其他所有生物一样。

右页的表格将帮助你排查是什么在困扰你的植物，你可以根据编号找到相应的解决方案。

如果你注意到植物出现了问题，请思考你上次浇水、施肥、换盆或挪动植物位置的时间。

仔细观察叶片和基质，植物可能是受到了害虫的侵害。

每个问题的出现可能都有不止一种原因。

叶片褪色又枯萎

叶片尖端干枯

植物停止生长

叶片褐变

叶片凋落

叶片变黄

叶片卷曲

叶片上出现斑点

你的植物出现了什么问题？

	1	2	3	4	5	6	7	8	9	10	11
叶片褐变		●				●		●			
叶片变黄						●				●	
叶片凋落		●			●	●	●	●		●	
叶片褪色又枯萎		●	●	●		●					●
叶片卷曲					●	●				●	
叶片上出现斑点		●	●			●					●
叶片尖端干枯		●	●		●	●	●		●	●	
植物停止生长	●			●							

1

营养不足

赶快施肥，更换基质，或者给植物换一个更大的花盆42。

2

浇水不足

快给植物浇水，但不要太多。你可以试着把植物连同花盆一起放在一个装满水的容器里，水的高度和花盆盆口差不多，这样它就能吸收所需要的水分。

3

光照过强

把植物搬到阴凉的地方16。

4

花盆空间不足

给植物换更大的花盆42。

5

温度太低

把植物搬到更暖和的地方。

6

浇水过多

取出潮湿的基质，去除腐烂的根，把植物重新种植在新的基质中，一周左右不要浇水。

7

光照不足

把植物搬到有阳光直射的地方16。

8

温度太高

把植物搬到更凉爽的地方。

9

空气太干燥

用喷水壶15湿润植物，或者在旁边放一碗湿的鹅卵石，蒸发的水可以为植物加湿。

10

冷风、强风

把植物放在离通风口较远的地方。

11

遭遇虫害

仔细检查植物，把它与其他植物隔离开来，消除害虫52。

害虫

室内植物和它的基质难免会成为各类虫害的温床。如果你的植物突然开始枯萎，它可能是被小甲虫侵袭了。所以，你一旦发现害虫，不要犹豫，立即铲除。害虫不仅会阻碍某株植物生长，还会扩散殃及它周围的其他植物。在对抗害虫的过程中，坚持不懈是关键，同时你还需要学会识别不同的害虫并找出相应的灭杀方法。

蚜虫

蚜虫分泌的蜜汁会让叶子变黏、变卷曲，令叶子上布满黑色或灰色的斑点，甚至有可能导致新叶畸形。

给植物冲个温水澡，并喷洒一种特殊的除蚜虫喷雾。

介壳虫

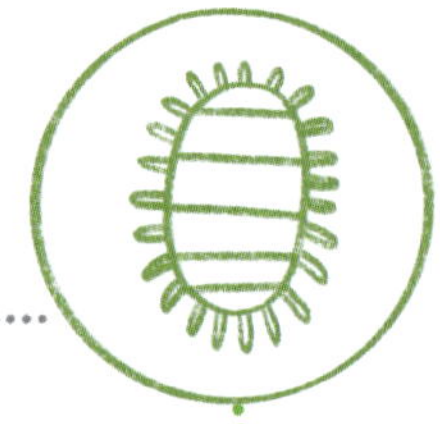

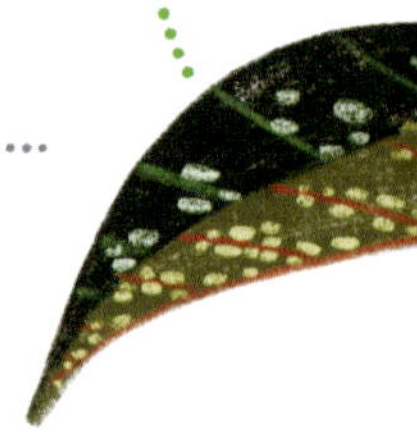

叶和茎上有棕色的凸起，叶子变黏。

用酒精擦拭单个或整株被感染的叶片；几天后，给植物“淋浴”。为确保介壳虫不再出现，可以向基质中倒入专门的防介壳虫药剂。

把新买来的绿植与家中其他绿植隔离几天，其间你要注意检查它是否有虫害。

定期给你的植物“淋浴”是保护它们不受害虫攻击的好方法。

要使用合适的基质，而不是从花园里随便挖一些土来种植它。

你用于植物养护的所有工具都一定要保持清洁。

专用杀虫剂和粘虫板可以帮助你防治害虫。将粘虫板放在植物附近，它能吸引虫子，并粘住它们使其无法逃脱。

蜘蛛螨

叶片上出现浅色的小斑点，并变得枯萎；严重的情况下，叶片背面或整株植物都会覆盖“蜘蛛网”。

给它喷洒防螨喷雾，然后趁植物湿润，用塑料袋罩住植物，并将底部扎紧；5 ～ 8 小时后，给植物拆袋通风。定期给植物“淋浴”。

蓟马

叶片上有苍白色斑点，植物生长缓慢或停止生长，新叶畸形。

先用肥皂水清洗整株植物；反复使用防蓟马喷雾剂。因为蓟马适应性很强，所以你需要轮换使用不同成分的防蓟马喷雾剂。

蕈蚊

叶片变黄至枯萎，植物周围有黑色的小蕈蚊飞来飞去。

停止浇水直到基质和整株植物完全干燥，在基质表面撒一层沙子当防护罩。

你终于成了一名合格的绿植养护师！

关于绿植种植和养护的知识就介绍到这里啦！相信你现在已经成为一名合格的绿植养护师了——你的家绿意盎然，那些植物生机勃勃，你可以满足它们的每一个需求。但可别以为接下来会开始变得无聊，还有很多挑战等着你呢！

偶尔尝试些小改变。比如，喜湿的植物会希望你用喷水壶湿润它，也会享受湿石子蒸发水汽带来的加湿效果；为什么不给怕冷的植物搭建一个小温室呢？那样的话，它们将快乐地度过冬季。

大胆试验。谁说所有的绿植都必须种在花盆里？多肉植物在透明玻璃生态瓶中依然能长得很好。有些绿植可以种在覆盖着苔藓的悬挂土壤球（苔玉，kokedama[1]）中，还有些绿植可以种植在营养丰富的溶液中。你甚至可以尝试给你的绿植造型！

不要轻言放弃。如果你的绿植生长缓慢或枯萎了，请不要灰心。即使是最有经验的养护师也会遇到这样的事情。养绿植对每个人来说都是一个学习过程，多向更有经验的人请教，他们分享的实践经验和教训通常都很有用。说不定，他们还会把可以长成新植物的插条送给你！

丰富你的知识储备。你可以尝试种植有更高需求的绿植。你也可以学习这本书暂未涉及的植物养护知识。例如，在家里种下牛油果的果核就可以长出牛油果，又如散尾葵可以通过种子繁殖……

最重要的是，你要记得**传播种植绿植带来的快乐。**把你的植物繁殖出来的幼苗送给亲朋好友吧，别忘了给他们附上你的独家养护秘籍。

阅读并继续探索相关信息。除了我们的经验，你还可以参考更多资源：综合类园艺知识网站 https://www.gardeningknowhow.com，专注小空间种植的网站 https://www.epicgardening.com，以及中国科学院植物研究所的“植物智”https://www.iplant.cn。

1 kokedama（苔玉）是一种日式的园艺艺术，它将植物和苔藓结合在一起，形成一种悬挂或摆设的球形植物装饰。这种艺术形式是日本传统盆景的一种变体，字面上的意思是“苔藓球”。

祝你好运！

图书在版编目（CIP）数据

绿植怎样养不死 / (捷克) 兰卡 · 奇蒂洛娃 ，(捷克) 玛格达 · 加尔古拉科娃著 ；(英) 汉娜 · 艾博绘 ；浪花朵朵编译. -- 石家庄 ：花山文艺出版社, 2025. 7.
ISBN 978-7-5511-7828-0

I. S68-49
中国国家版本馆CIP数据核字第20254F299X号

河北省版权局登记 冀图登字：03-2025-001

书　　名：绿植怎样养不死
Lüzhi Zenyang Yang Busi
著　　者：［捷克］兰卡 · 奇蒂洛娃　［捷克］玛格达 · 加尔古拉科娃
绘　　者：［英］汉娜 · 艾博
译　　者：浪花朵朵

选题策划：北京浪花朵朵文化传播有限公司
出版统筹：吴兴元
编辑统筹：彭　鹏
特约编辑：李　敏
责任编辑：温学蕾
美术编辑：王爱芹
营销推广：ONEBOOK
装帧制造：墨白空间 · 杨阳
出版发行：花山文艺出版社（邮政编码：050061）
（河北省石家庄市友谊北大街 330 号）
印　　刷：雅迪云印（天津）科技有限公司
经　　销：新华书店
开　　本：810 毫米 × 1080 毫米　1/16
印　　张：4
字　　数：90 千字
版　　次：2025 年 7 月第 1 版
印　　次：2025 年 7 月第 1 次印刷
书　　号：ISBN 978-7-5511-7828-0
定　　价：59.80 元

官方微博：@ 浪花朵朵童书
读者服务：editor@hinabook.com　188-1142-1266
投稿服务：onebook@hinabook.com　133-6631-2326
直销服务：buy@hinabook.com　133-6657-3072